Chiedoziem Nwankwo
J. A. Ibeawuchi

Valor de substituição de CPM por miudezas de milho na composição do leite de cabra WAD

Chiedoziem Nwankwo
J. A. Ibeawuchi

Valor de substituição de CPM por miudezas de milho na composição do leite de cabra WAD

Valor de substituição da farinha de casca de mandioca seca por miudezas de milho no rendimento e na composição do leite das cabras WAD

ScienciaScripts

Índice:

VALOR DE SUBSTITUIÇÃO DA CASCA DE MANDIOCA SECA

FARINHA DE MILHO PARA AS VÍSCERAS DE MILHO NO RENDIMENTO E NA COMPOSIÇÃO DO LEITE DE VACAS DA ÁFRICA OCIDENTAL

CABRAS DE CORTE

NWANKWO, C. U. E IBEAWUCHI, J. A.

VALOR DE SUBSTITUIÇÃO DA FARINHA DE CASCA DE MANDIOCA SECA POR MILHO

MIUDEZAS NO RENDIMENTO E NA COMPOSIÇÃO DO LEITE DA REGIÃO OCIDENTAL

CABRA ANÃ AFRICANA

RESUMO

Foi realizada uma experiência para estudar o efeito da substituição das miudezas do milho por farinha de casca de mandioca seca (CPM) no rendimento e na composição do leite da cabra anã da África Ocidental. Foram formuladas quatro dietas com 0, 10, 20 e 30 por cento de farinha de casca de mandioca e designadas por A, B, C e D, respetivamente. Dezasseis (16) cabras em lactação na sua primeira paridade foram envolvidas neste estudo de lactação. As coelhas lactantes foram distribuídas pelos quatro tratamentos, com quatro (4) coelhas por tratamento, num desenho experimental completamente aleatório, e alimentadas individualmente em compartimentos separados. A produção de leite foi medida diariamente e analisada para sólidos totais (ST), gordura butírica (BF), proteína bruta (CP), sólidos sem gordura (SNF), lactose, cinzas, cálcio, fósforo e energia. Foram também calculados o leite com correção de sólidos (SCM) e o leite com correção de gordura (FCM). Os valores de produção de leite (g/dia) obtidos para as fêmeas com as dietas A, B, C e D foram 139,58, 131,70, 142,93 e 169,28, respetivamente. A produção de leite e a FCM não diferiram (P>0,05) entre as dietas. Os valores de sólidos totais (ST) diferiram significativamente (P<0,05) entre as dietas dos tratamentos e tenderam a aumentar com o aumento do nível de farinha de casca de mandioca nas dietas. Os valores foram de 11,36, 10,69, 11,55 e 11,57 % para as dietas A, B, C e D, respetivamente. A dieta D produziu a maior (P<0,05) energia do leite. Os teores de PB, FDN e cinzas do leite diferiram significativamente (P<0,05) entre as dietas. A relação entre a produção de leite e os vários constituintes do leite foi calculada. A relação entre a produção de leite e a lactose, a proteína do leite e a lactose, a proteína do leite e a TS, a BF e a proteína do leite e a lactose e a SNF foram negativamente correlacionadas e não significativas (P>0,05). Existiu uma correlação positiva e significativa (P<0,05) entre a energia do leite e a ET (r = 0,60), a produção de leite e a FDN (r = 0,57) e a FB e a ET (r = 0,55). A relação entre a energia do leite e a ET (r = 67), a energia do leite e a BF (r = 0,99), a FCM e a SCM (r = 0,86) foi positiva e altamente significativa (P<0,01). Também se registaram diferenças positivas mas não significativas (P>0,05) entre a FB e a FDN, a energia do leite e a FB e a produção de leite e a proteína do leite. Em conclusão, a qualidade e a quantidade de leite das cabras WAD pode ser melhorada para um nível comercial através de uma atenção especial ao plano nutricional.

Palavras-chave: Cabras anãs da África Ocidental (WAD), leite de cabra, composição do leite, farinha de casca de mandioca (CPM)

Capítulo 1

INTRODUÇÃO

1.1 INFORMAÇÃO DE BASE

Um dos principais problemas alimentares nos países em desenvolvimento é a grande deficiência na ingestão de proteínas, tanto em quantidade como em qualidade (Ibeawuchi, 2010). O baixo consumo de proteínas tem sido responsável pela redução da produtividade humana, pela elevada mortalidade infantil e pela curta duração da vida (Osotimehin, *et al.*, 2006). Na Nigéria, o consumo médio de proteínas animais por dia é inferior ao mínimo de 35 g recomendado pela Organização das Nações Unidas para a Alimentação e a Agricultura para a manutenção diária da saúde da população (Bincan, 1990).

A procura de chevon e de outros produtos, incluindo o leite, levou à necessidade de criar cabras autóctones. Há uma consciência crescente de que o leite de cabra é uma boa fonte de proteínas para o homem (Malau-Aduli *et al.*, 2001). Barnet e Frederick (2000) referiram que, em termos de gordura e de minerais, o leite de cabra é superior ao leite de vaca. A qualidade e a composição do leite são atributos importantes que determinam o valor nutritivo, bem como a aceitabilidade do consumidor.

A inadequação do leite e dos produtos lácteos na Nigéria, apesar da população substancial estimada de vacas, levanta questões sobre a viabilidade económica da transformação do leite entre os nómadas (Osotimehin *et al.*, 2006). Recentemente, a produção nacional de leite é inferior a 1 % da procura anual total, estimada em 1,45 mil milhões de litros de leite, estimando-se ainda que cerca de 80 mil milhões de euros são oferecidos anualmente no altar da importação, apesar da vantagem comparativa do país na produção de leite (Abraham, 2014). A procura de leite é elevada, a produção local é baixa, o que resulta num consumo deficiente.

As cabras anãs da África Ocidental (WAD) são originárias do Sul da Nigéria e têm um bom potencial para a produção de leite. No entanto, tem-se observado que os factores climáticos influenciam grandemente a sua produtividade no sistema tradicional de maneio através do seu efeito, principalmente na disponibilidade de forragem e água (Butswaat, 1994). Após as mudanças climáticas, a produção, a qualidade e a disponibilidade de alimentos têm um padrão sazonal e afectam tremendamente o potencial reprodutivo das cabras indígenas.

Deve ser incentivada a utilização de alimentos não convencionais como suplemento para atenuar este desequilíbrio nutricional, especialmente para as fêmeas em lactação. A casca de mandioca é um resíduo da transformação da raiz tuberosa da mandioca *(Manihot utilisima)* e tornou-se um alimento de interesse na nutrição animal na Nigéria (Ibeawuchi, 2010). Ibeawuchi (2010) explicou ainda que a farinha de casca de mandioca seca pode ser utilizada como dieta básica para cabras.

1.2 DECLARAÇÃO DO PROBLEMA

A incidência da pobreza extrema é mais elevada na África Subsariana, atingindo 50% (FAO, 2010). De um total estimado de 2,6 mil milhões de pessoas no mundo em desenvolvimento que sobrevivem com menos de 2 dólares por dia, cerca de 1,4 mil milhões são classificadas como "extremamente" pobres, na medida em que vivem com menos de 1,25 dólares por dia (Banco Mundial, 2008). A pobreza está estreitamente associada à desnutrição e à subnutrição; a Organização das Nações Unidas para a Alimentação e a Agricultura (FAO) estimou que, em 2009, cerca de 1,02 mil milhões de pessoas, ou seja, um sexto da população mundial, estavam subnutridas (FAO, 2010).

As pequenas explorações familiares, incluindo a produção leiteira de pequenos ruminantes, dominam a paisagem rural em todo o mundo em desenvolvimento, sendo responsáveis por até 80% dos alimentos produzidos na África Subsariana e na Ásia e apoiando os meios de subsistência de até 2,5 mil milhões de pessoas (IFAD, 2013). No entanto, estes agricultores enfrentam desafios de produção. Verifica-se um rápido aumento da pressão sobre a base de recursos naturais rurais, associado a alterações climáticas, ao crescimento demográfico, a práticas agrícolas insustentáveis e à desflorestação. Sob essas pressões, os sistemas agrícolas, incluindo os sistemas de produção leiteira, dos quais depende a maioria dos habitantes rurais e urbanos, enfrentam grandes desafios para atender à crescente demanda por alimentos (FIDA, 2013).

A produção de animais ruminantes nas regiões tropicais é confrontada com flutuações sazonais na disponibilidade de matérias-primas para alimentação animal (Oluwatomi, 2010). Na estação seca, as forragens disponíveis para os ruminantes são de baixa qualidade, pelo que afectam negativamente a produtividade dos pequenos e grandes ruminantes. Além disso, nos países em desenvolvimento existe uma competição entre os seres humanos e os animais pelos alimentos convencionais disponíveis. Como resultado, estes alimentos tornam-se escassos e muito exorbitantes quando disponíveis.

1.3 JUSTIFICAÇÃO

Estima-se que cerca de 12 a 14% da população mundial, ou seja, 750 a 900 milhões de pessoas, vivem em explorações leiteiras ou em agregados familiares de produtores de leite (FAO, 2010). Em todo o mundo, há 6 bilhões de consumidores de leite e produtos lácteos, a maioria deles em países em desenvolvimento (FAO, 2010). Para acompanhar o crescimento da demanda, a produção de leite terá que crescer cerca de 2% ao ano. Se a produção de leite em pequena escala nos países em desenvolvimento se mantiver numa situação de concorrência positiva com a produção em grande escala (sistema de produção de leite de capital intensivo), o desenvolvimento do sector leiteiro será uma ferramenta poderosa para a redução da pobreza e a criação de riqueza nos países em desenvolvimento.

Os produtos da transformação da mandioca e do milho são utilizados na alimentação do gado para influenciar o crescimento e a produção de leite, especialmente durante a estação seca. A Nigéria, sendo um país em desenvolvimento, tem uma população caprina estimada em cerca de 72,5 milhões (NBS, 2011) e é um dos principais produtores de gado em África. Com o aumento da produção de leite das cabras WAD, espera-se que os cabritos tenham um melhor desempenho e que o leite em excesso possa estar disponível para os seres humanos, especialmente aqueles que são intolerantes ao leite de vaca. Estes processos contribuirão imenso para resolver o problema da subnutrição.

1.4 OBJECTIVO DO ESTUDO

O objetivo do presente estudo é determinar a qualidade e a quantidade de leite obtido de cabras da raça WAD alimentadas com farinha de casca de mandioca em substituição das vísceras de milho e estimar a relação entre os vários constituintes do leite das cabras WAD.

Capítulo 2

REVISÃO DA LITERATURA

2.1   AS OPORTUNIDADES DA PRODUÇÃO DE LEITE NA NIGÉRIA

A Nigéria, com uma população de cerca de 178,5 milhões de pessoas (NBS, 2014), está grosseiramente sub-fornecida com componentes alimentares essenciais, como as proteínas, que são importantes para a realização e o desenvolvimento do potencial humano, tanto mental como fisicamente. Em termos de fornecimento da tão necessária carne ao nigeriano médio, o desempenho do sector pecuário não tem sido encorajador. Por exemplo, durante o período em análise (1996 - 2000), cada nigeriano tinha à sua disposição, em média, menos de 2 kg de carne de bovino por ano e apenas 4 kg de ovos por ano (Banco Central da Nigéria, 2001). A oferta de ovos é muito baixa, sendo de 10,56 g por dia, em comparação com a recomendação habitual de que um adulto deve consumir um ovo por dia. Esta recomendação implicaria uma caixa de 30 ovos por mês (Okunneye, 2002).

A população da Nigéria poderá atingir 223,3 milhões de habitantes em 2020, de acordo com uma projeção da Comissão Nacional da População (CNP) (CNP, 1991). Se for esse o caso, as necessidades proteicas de cada nigeriano podem ser deficientes devido ao rápido aumento da população e à elevada procura de proteínas animais (Osagie, 2011).

Com o aumento da população e a melhoria dos rendimentos e do nível de vida na Nigéria e noutros países em desenvolvimento, estes países podem vir a enfrentar uma grave escassez de carne e produtos lácteos até ao ano 2050 (Osagie, 2011). De acordo com um novo Relatório sobre Alimentação e Agricultura, até 2050, uma população mundial em expansão consumirá dois terços mais proteínas animais do que consome atualmente, o que provocará uma nova pressão sobre os recursos naturais do planeta (Osagie, 2011).

O aumento da população e o crescimento dos rendimentos fizeram aumentar a tendência para um maior consumo per capita de proteínas animais nos países em desenvolvimento, incluindo a Nigéria. Prevê-se que o consumo de carne aumente quase 73% até 2050; o consumo de lacticínios também crescerá 58% em relação aos níveis actuais (Osagie, 2011). Para melhorar este problema de baixo nível de ingestão de proteínas, é necessário um esforço concertado entre as várias partes interessadas para conseguir uma produção maciça de alimentos à base de proteínas, especialmente através de um investimento maciço na pecuária e do aumento da produção local de leite. Embora a Nigéria seja o maior produtor de leite da África Ocidental e o terceiro de África, o país é um importador líquido do produto (Michael *et al.,* 1991).

Foi observado e está bem documentado (Osotimehin, *et al.,* 2006) que os nigerianos consomem mais proteína vegetal do que animal, o que, na realidade, é deficiente em alguns aminoácidos essenciais. As indústrias de transformação de leite em pequena escala podem enfrentar o desafio de melhorar a produção de produtos lácteos para fornecer os nutrientes que são deficientes em culturas de base como os cereais, as raízes e os tubérculos. No entanto, a indústria de lacticínios na Nigéria não tem sido capaz de satisfazer estas aspirações em termos de qualidade e quantidade dos seus produtos.

Uma alimentação inadequada pode ter contribuído para este fraco desempenho.

De acordo com o relatório da FAO (1988), a indústria de lacticínios constitui um meio de subsistência para uma proporção significativa de famílias rurais pastoris nas zonas ecológicas sub-húmidas e semi-áridas da Nigéria. Por exemplo, cerca de 183.000 famílias rurais teriam obtido algum rendimento da indústria de lacticínios em 1986 (FAO, 1988). Este potencial da indústria de lacticínios para gerar rendimentos regulares e contribuir para a dieta das famílias a um ritmo bastante constante ao longo do ano é uma vantagem sobre outras empresas agro-industriais (Muriuki, 2001).

A inadequação do leite e dos produtos lácteos no país, apesar da população substancial estimada de vacas, levanta questões sobre a viabilidade económica da transformação do leite entre os nómadas (Osotimehin *et al.*, 2006). Nos últimos tempos, estima-se que a produção nacional de leite seja inferior a 1% da procura anual total, que foi estimada em 1,45 mil milhões de litros de leite; estima-se ainda que cerca de N80 mil milhões são oferecidos anualmente no altar da importação, apesar da vantagem comparativa da nação na produção de leite (Abraham, 2014). A procura de leite é elevada, a produção local é baixa, o que resulta num consumo deficiente. Atualmente, a Nigéria, com quase 200 milhões de habitantes, depende sobretudo dos pastores Fulani e das suas famílias para a maior parte do 1% da produção local de leite (Abraham, 2014). Esta situação pode não ser melhorada, mesmo com o conhecimento claro da importância do consumo de leite pelos nigerianos, a menos que sejam feitos esforços concertados para aumentar a produção local (Ibeawuchi, 2010).

2.2   PROBLEMAS DA PRODUÇÃO LEITEIRA NA NIGÉRIA

Os principais problemas identificados na produção de leite na Nigéria são a baixa produção de leite das vacas Fulani, a má qualidade da erva, que leva a uma baixa produção de leite, e a falta de equipamento de armazenamento e processamento. Outros incluem métodos não higiénicos de manuseamento do leite, a avaria das fábricas de processamento e a recolha ineficiente de leite, que também impedem o desempenho das indústrias do leite na Nigéria. A concorrência entre os colectores de leite itinerantes e os colectores de leite oficiais, as políticas de preços e de gestão deficientes e a falta de incentivos económicos por parte do governo dificultam a expansão da indústria de lacticínios da Nigéria.

O genótipo de vaca local *(Bos indicus)* que contribui com cerca de sessenta e cinco por cento do leite na Nigéria é polivalente. Produzindo apenas cerca de 0,7 litros de leite por dia, a raça local não é, portanto, uma boa leiteira. O melhoramento genético da variedade local baseia-se no cruzamento natural. Menos de três por cento do efetivo foi inseminado artificialmente (Michael *et al.,* 1991). A elevada mortalidade dos vitelos (20-25 por cento) e o longo intervalo entre partos (20-26 meses), a maturação lenta e a baixa produtividade da raça local de gado da Nigéria contribuem para estes problemas.

Com exceção dos resíduos agrícolas, a erva natural de que os bovinos dependem é pobre em proteínas e é uma forragem indigesta. Os animais que se alimentam desta erva têm uma nutrição deficiente e uma baixa produção de leite. Os vitelos competem com os seres humanos pela produção limitada de leite (Konczacki 1978; Waters-Bayer

1986). Um pastor tem de racionar o seu leite de forma a que o bem-estar do vitelo não seja posto em causa por um consumo desproporcionado de leite por parte dos seres humanos. O melhoramento dos recursos de pastagem através da deslenhificação de forragens grosseiras com alto teor de fibras é pouco comum na Nigéria. Na maioria dos sistemas pastoris, a utilização de alimentos para animais cultivados pelo homem tem-se revelado ineficaz em termos de custos e de fornecimento.

A maioria dos habitantes das zonas rurais bebe leite, mas a despesa média das famílias com leite raramente excede dois por cento do seu rendimento. Nas zonas urbanas, o leite (em pó, condensado ou evaporado) é um artigo de luxo. As marcas Peak e Carnation são os cremes e branqueadores de chá mais populares na Nigéria. A utilização de leite em pó aumentou acentuadamente na Nigéria depois de os europeus e os norte-americanos terem doado leite magro às escolas e hospitais em 1960.

O sector dos lacticínios na Nigéria também se depara com problemas logísticos. O método ineficaz de recolha e distribuição do leite constitui um obstáculo ao desenvolvimento do sector. As zonas de produção de leite situam-se no interior do país, onde os veículos não conseguem chegar facilmente. A falta de estradas de acesso e de veículos especializados obriga a que a entrega do leite seja feita a pé ou por burros. O transporte a pé ou sobre os cascos é obviamente lento e, na comercialização do leite, pode significar a diferença entre o sucesso e o fracasso do negócio. Os Fulani não conseguem entregar o leite nos centros de processamento nas quatro horas críticas após a ordenha. Mais de metade do leite deteriora-se antes de chegar ao consumidor final.

Uma vez que o leite líquido e saudável é instável sob ação do calor, os atrasos tornam-no insípido e não vendável (Michael *et al.,* 1991). Os pastores não refrigeram nem conservam o seu leite, portanto, a vida útil do leite fresco é curta, geralmente menos de três horas. Os Fulani também não fervem o leite, embora a fervura mate o agente patogénico e aumente a vida útil do leite para oito horas.

Os habitantes das zonas rurais que não têm frigoríficos fermentam o leite. Mais de setenta por cento do leite é convertido em leite azedo; treze por cento é bebido fresco; e sete por cento é utilizado para fazer ghee, queijo e manteiga. O leite fresco e líquido só pode ser utilizado pelos residentes urbanos que utilizam frigoríficos. Os produtores de leite não podem vender leite fresco e saudável, exceto mediante pedido. Mesmo assim, o leite tem de ser entregue de manhã para evitar o calor da tarde, que pode tornar o leite estragado (Awogbade, 1983).

Os Fulani usam métodos não higiénicos de ordenha. Usam as mãos nuas e recipientes não esterilizados para o processamento. O peito da vaca não é lavado antes da ordenha e podem ver-se moscas a saltar para a cabaça do leite. Muitas vezes, os Fulani também ordenham vacas doentes. Os Fulani usam água suja de rios e riachos para diluir o leite. Os lapsos nas práticas de higiene resultam em doenças transmitidas pelo leite, especialmente entre os residentes urbanos que bebem leite fresco da vaca Fulani. As zoonoses transmitidas pelo leite são, no entanto, raras nas zonas rurais, porque o leite é fermentado e o ácido lático produzido pela fermentação ajuda a destruir os coliformes e as salmonelas nocivos. Os produtos das fábricas de lacticínios contêm frequentemente quantidades inadmissíveis de resíduos de acaricidas químicos, herbicidas, pesticidas e antibióticos. O leite de vacas que foram sujeitas a cuidados veterinários intensivos pode conter doses elevadas de medicamentos veterinários, especialmente após a imunização. Infelizmente, a Nigéria raramente faz testes de drogas ou inspecciona os produtos lácteos dos rebanhos locais e das fábricas de lacticínios. Por conseguinte, os vestígios destes químicos podem ser suficientemente elevados para representar potenciais perigos para a saúde humana.

A concorrência com o leite importado, a avaria do sistema de refrigeração, o fornecimento irregular de leite pasteurizado pelos produtores Fulani, os mercados adversos e a má gestão prejudicam o desempenho das empresas de lacticínios (Awogbade 1983). A maioria destas empresas não consegue obter o mínimo de mil litros de leite líquido e saudável por dia. Muitas empresas de lacticínios foram liquidadas voluntariamente ou privatizadas por não conseguirem ultrapassar estes obstáculos. Para suprir a escassez periódica de leite e manter as fábricas em funcionamento, algumas indústrias de lacticínios importam leite em pó e utilizam-no na transformação. Algumas fábricas até criam as suas próprias vacas leiteiras de alto rendimento. O custo por litro do leite destas empresas é, no entanto, tão elevado que as indústrias operam com prejuízo. As indústrias fecham frequentemente porque não conseguem competir num mercado sensível aos preços.

Embora os Fulani possam aumentar a sua produção de leite, as centrais leiteiras não conseguem chegar aos produtores dispersos nas zonas rurais. A distribuição espacial dos efectivos dificulta a obtenção dos benefícios da economia de escala. As empresas de lacticínios na Nigéria não estão equipadas para a recolha ou distribuição de leite porta a porta. Embora as empresas tenham começado a enviar o seu pessoal centenas de quilómetros para comprar leite aos Fulani, ironicamente muitas amas de leite esperam em longas filas com cabaças de leite para venda nos centros oficiais de recolha de leite. Os colectores de leite vão à reserva apenas duas vezes por semana, comprando leite ao longo das estradas de acesso. Por vezes, os colectores de leite não aparecem, o que faz com que os Fulani deitem fora o leite que não podem vender a outros ou converter em produtos estáveis à temperatura, como ghee, queijo, manteiga e leite azedo.

Embora os Fulani tenham criado a Federação das Associações de Produtores de Leite (F.M.P.A.) para facilitar a recolha de leite, a associação não pode garantir a oferta ou a procura de leite. Um exame das actividades da associação indica que esta é mais ativa no controlo dos preços e na imposição de normas do que na coordenação das vendas de leite. A associação opera principalmente perto das zonas urbanas, onde tem como alvo os produtores de elite e os criadores de gado comerciais. A maioria dos Fulani nas zonas rurais nem sequer tem conhecimento da existência da associação.

Os comerciantes itinerantes das aldeias vizinhas competem com os compradores oficiais de leite. Estes comerciantes pagam preços mais elevados pelo leite e deslocam-se de campo em campo para se encontrarem com os produtores. Entre os comerciantes e os compradores oficiais, o preço por litro de leite é determinado (Awogbade 1982). Embora os compradores não oficiais sejam colectores eficientes, arruínam o mercado do leite cobrando demasiado aos consumidores.

A política de preços que coloca o preço de retalho do leite abaixo do preço no produtor reduz os incentivos do governo aos produtores de leite. A má política de gestão coloca o sector do leite sob a alçada de departamentos ou paraestatais errados.

Michael *et al.* (1991) explicaram alguns dos problemas. Argumentou-se que as competências e as capacidades de gestão necessárias para o êxito da atividade leiteira poderiam ser substituídas ou desenvolvidas no âmbito de uma estrutura paraestatal, mas é agora claro que esta abordagem estava errada. Os problemas sentidos pelas paraestatais do sector leiteiro são semelhantes aos sentidos por todas as paraestatais - gestão inadequada, interferência política (por exemplo, no que se refere aos preços do leite), baixa produtividade e fraco desempenho financeiro.

Mas a verdadeira causa do fracasso das explorações leiteiras estatais é que o objetivo do governo não está em sintonia com os objectivos comerciais. Por outras palavras, o objetivo do governo pode não ser necessariamente a obtenção de lucros. Tal como a maioria dos empreendimentos governamentais, as fábricas de lacticínios geridas pelo Estado na Nigéria são criadas como indústrias de serviços para criar empregos, silenciar a agitação política ou impressionar um eleitorado para futura recompensa eleitoral. Uma vez que, a longo prazo, o sucesso económico, mais do que qualquer outra coisa, determina a sobrevivência dos investimentos empresariais, estas indústrias de lacticínios que não têm objectivos de lucro caem no esquecimento, mesmo que tenham sucesso político.

O governo apercebeu-se agora da importância das pequenas empresas de lacticínios que utilizam mão de obra familiar na produção de leite sustentável e acessível na Nigéria. Estes produtores caseiros estão a utilizar competências locais e métodos menos dependentes de energia. No segundo programa de desenvolvimento da pecuária, o governo planeia fazer destas indústrias de pequena escala o centro da produção leiteira na Nigéria. Para este efeito, o governo está a privatizar as restantes empresas de lacticínios e a encorajar os ranchos comerciais a fornecer a milha. No entanto, o fracasso persistente dos esquemas de criação de gado pode não ajudar a concretizar o objetivo de aumentar a produção de leite dos ranchos.

2.3 DISPONIBILIDADE DE RECURSOS ALIMENTARES PARA A INDÚSTRIA LEITEIRA

Tem sido relatado que os pequenos ruminantes indígenas têm um potencial reprodutivo notável em termos do número de crias produzidas por fêmea por ano (Wilson, 1991) porque a duração do dia é relativamente constante nos locais tropicais. Contudo, as actividades reprodutivas seguem a mudança da estação seca e chuvosa e são influenciadas pela temperatura e humidade. Os factores climáticos têm influenciado grandemente a produtividade das cabras WAD no sistema tradicional de maneio, através do seu efeito, principalmente na disponibilidade de forragem e de água (Butswaat, 1994). Para poderem sobreviver em climas quentes, os animais devem demonstrar a capacidade de consumir e digerir alimentos com alto teor de fibra bruta e de sobreviver em condições de disponibilidade sazonal de alimentos, escassez de água, calor elevado e radiação, mantendo a capacidade de utilizar a área de pastagem (Horst e Peters, 1983).

A produção, a qualidade e a disponibilidade de alimentos para animais são influenciadas pelas alterações climáticas e, por conseguinte, seguem um padrão sazonal. As forragens tropicais são caracterizadas por um crescimento sazonal e um baixo valor nutritivo. Nas condições que prevalecem nos países em desenvolvimento, os alimentos de má qualidade (de baixa digestibilidade e baixo valor nutritivo) são um dos principais factores que limitam a produção leiteira. Os animais leiteiros são frequentemente alimentados com alimentos fibrosos, principalmente resíduos de culturas e pastagens de baixa qualidade, que são deficientes em azoto, minerais e vitaminas. Os pequenos produtores de leite dos países em desenvolvimento utilizam geralmente os recursos disponíveis localmente, tais como pastagens naturais, resíduos de culturas, erva de corte e transporte, culturas forrageiras e alimentos locais (incluindo subprodutos agro-industriais). O pastoreio coletivo de gado é uma prática comum em todos os países em desenvolvimento. Os campos de pastagem carecem frequentemente de práticas de conservação e são de má qualidade nutricional. O pastoreio sem alimentação suplementar é amplamente praticado na África Ocidental (FAO, 2014). A utilização de suplementos (alimentos ricos em energia e proteínas) é particularmente importante para os animais leiteiros, uma vez que a produção de leite é um processo que consome muita energia. Os produtores de leite de pequena escala geralmente não podem alimentar com suplementos convencionais, como concentrados à base de grãos, bolo de sementes oleaginosas e minerais, devido ao seu alto custo e escassez. A produção de leite dos pequenos produtores depende, portanto, principalmente das flutuações sazonais na qualidade e quantidade de forragem natural (FAO, 2014).

2.4   DEFICIÊNCIA PROTEICA NOS NIGERIANOS

O nível de malnutrição na Nigéria está a aumentar devido ao baixo nível de rendimentos, ao elevado custo dos produtos alimentares, em particular dos alimentos proteicos, bem como à produção inadequada destes produtos. A população das zonas rurais necessita de mais atenção no que respeita à sua alimentação, sobretudo no que se refere às proteínas. Aromolaran (2001) confirmou que a Nigéria ainda está a lutar para satisfazer as necessidades mínimas de alimentos e nutrientes. A evidência de má nutrição reflecte-se particularmente nos grupos de baixos rendimentos. Calcula-se que cerca de 7 300 crianças morrem anualmente de malnutrição antes dos quatro anos de idade na Nigéria, enquanto 73 000 a 84 000 bebés nascidos todos os anos sofrem de malnutrição (Ajayi e Chukwu, 2008). Algumas das condições associadas à malnutrição das crianças podem incluir a ingestão deficiente de nutrientes, magreza, atraso na pele, mau funcionamento do cérebro e atraso no crescimento. Estas condições são evidentes nos países em desenvolvimento como a Nigéria. Os adultos também podem enfrentar problemas como gengivite, estomatite angular, perda de força, baixa produtividade, baixa moral, letargia e atraso no crescimento. Estas condições resultam direta ou indiretamente da má nutrição. Foi relatado que as mulheres grávidas e lactantes na Nigéria têm um baixo consumo de muitos nutrientes, tais como proteínas, cálcio, niacina e riboflavina (Ene- Obony, 1990; Ajayi e Chukwu, 2008). A ingestão deficiente de proteínas e calorias impede constantemente a saúde, a eficiência no trabalho, a produtividade e o progresso económico geral.

2.5 DISPONIBILIDADE E EVOLUÇÃO DO CONSUMO DE PRODUTOS DE ORIGEM ANIMAL

A promoção de regimes alimentares e estilos de vida saudáveis para reduzir o peso global das doenças não transmissíveis exige a participação dos vários sectores relevantes das sociedades. O sector agrícola e alimentar ocupa um lugar de destaque neste empreendimento e deve ser-lhe dada a devida importância em qualquer consideração sobre a promoção de regimes alimentares saudáveis para indivíduos e grupos populacionais. As estratégias alimentares não devem ser meramente direccionadas para garantir a segurança alimentar para todos, mas devem também alcançar o consumo de quantidades adequadas de alimentos seguros e de boa qualidade que, em conjunto, constituem um regime alimentar saudável. Qualquer recomendação para esse efeito terá implicações para todos os componentes da cadeia alimentar (FAO, 2003).

O desenvolvimento económico é normalmente acompanhado por melhorias no abastecimento alimentar de um país e pela eliminação gradual das deficiências alimentares, melhorando assim o estado nutricional global da população do país. Além disso, também contribui para mudanças qualitativas na produção, transformação, distribuição e comercialização de alimentos (FAO, 2003). A urbanização crescente também terá consequências para os padrões alimentares e estilos de vida dos indivíduos, nem todas positivas. As mudanças na dieta, no trabalho e no padrão de lazer - frequentemente referidas como a "transição nutricional" - já estão a contribuir para os factores causais subjacentes às doenças não transmissíveis, mesmo nos países mais pobres. Além disso, o ritmo destas mudanças parece estar a acelerar, especialmente nos países de baixo e médio rendimento (Drewnowski e Popkin, 1997).

As alterações alimentares que caracterizam a "transição nutricional" incluem alterações quantitativas e qualitativas do regime alimentar. As alterações alimentares adversas incluem mudanças na estrutura da dieta no sentido de uma dieta de maior densidade energética, com um papel mais importante para a gordura e os açúcares adicionados aos alimentos, maior ingestão de gorduras saturadas (principalmente de fontes animais), redução da ingestão de hidratos de carbono complexos e de fibras alimentares e redução da ingestão de frutas e legumes (Drewnowski e Popkin, 1997). Estas alterações alimentares são agravadas por alterações do estilo de vida que reflectem uma redução da atividade física no trabalho e nos tempos livres (Ferro-Luzzi e Martino, 1996). Ao mesmo tempo, porém, os países pobres continuam a enfrentar escassez de alimentos e insuficiência de nutrientes.

Os regimes alimentares evoluem ao longo do tempo, sendo influenciados por muitos factores e interacções complexas. O rendimento, os preços, as preferências e crenças individuais, as tradições culturais, bem como os factores geográficos, ambientais, sociais e económicos interagem de forma complexa para moldar os padrões de consumo alimentar. Os dados sobre a disponibilidade nacional dos principais produtos alimentares fornecem uma visão valiosa dos regimes alimentares e da sua evolução ao longo do tempo. O sector pecuário mundial está a crescer a um ritmo sem precedentes e a força motriz por detrás deste enorme aumento é uma combinação de crescimento populacional, aumento dos rendimentos e urbanização. Prevê-se que a produção anual de carne aumente de 218 milhões de toneladas em 1997-1999 para 376 milhões de toneladas até 2030 (FAO, 2003).

Existe uma forte relação positiva entre o nível de rendimento e o consumo de proteínas animais, com o consumo de carne, leite e ovos a aumentar em detrimento dos alimentos básicos. Devido ao recente declínio acentuado dos preços, os países em desenvolvimento estão a embarcar num maior consumo de carne com níveis muito mais baixos de produto interno bruto do que os países industrializados fizeram há cerca de 2030 anos (FAO, 2003).

A urbanização é uma das principais forças motrizes que influenciam a procura global de produtos pecuários. A urbanização estimula a melhoria das infra-estruturas, incluindo as cadeias de frio, que permitem o comércio de produtos perecíveis. Em comparação com as dietas menos diversificadas das comunidades rurais, os habitantes das cidades têm uma dieta variada, rica em proteínas e gorduras animais e caracterizada por um maior consumo de carne, aves, leite e outros produtos lácteos.

As dietas tornam-se mais ricas e diversificadas, uma vez que as proteínas de elevado valor que o sector pecuário oferece melhoram a nutrição da grande maioria da população mundial. Os produtos animais fornecem proteínas de elevado valor e são também fontes importantes de uma vasta gama de micronutrientes essenciais, em particular minerais como o ferro e o zinco, e vitaminas como a vitamina A. Para a grande maioria das pessoas no mundo, particularmente nos países em desenvolvimento, os produtos animais continuam a ser um alimento desejado pelo seu valor nutricional e sabor (FAO, 2003). O consumo excessivo de produtos animais em alguns países e classes sociais pode, no entanto, levar a uma ingestão excessiva de gordura.

2.6 LEITE DE CABRA

O papel nutricional do leite e dos produtos lácteos na dieta humana, especialmente nos países desenvolvidos, tem sido bem documentado (Ibeawuchi *et al.,* 2000). A nível mundial, os bovinos são os principais produtores de leite, seguidos das cabras e das ovelhas. Na maioria dos países em desenvolvimento, como a Nigéria, onde o consumo de proteínas animais tem de ser melhorado (Akinmutimi, 2004), o leite destas espécies ruminantes pode ser utilizado para aumentar a ingestão de proteínas animais. Na Nigéria, a maior parte do leite e dos produtos lácteos consumidos pela população é importada. As cabras WAD e Red Sokoto são raças de cabras autóctones encontradas no sul e no norte da Nigéria, respetivamente. Mackenzie (1980) referiu que o leite de cabra tem um teor bacteriano mais baixo do que o leite de vaca. O leite de cabra, entre o leite de outras espécies animais, é único porque contém nutrientes suficientes e alguns anticorpos. A produção de leite por cabra varia consoante a raça, o estádio e o número de lactações, a estação do ano e a nutrição (Devendra e Mcleroy, 1982). Existem registos do seu desempenho leiteiro no seu ambiente natural (Ahamefule e Ibeawuchi, 2005; Akpa *et al.,* 2002).

Algumas das vantagens do leite de cabra em relação ao leite de vaca podem incluir

i. O leite de cabra é uma alternativa muito mais saudável, especialmente quando é cru e biológico. As cabras produzem cerca de 2% do fornecimento global de leite e é interessante o facto de a maioria das pessoas que consomem leite de cabra referir uma menor incidência de alergias e problemas digestivos.

ii. Alguns estudos sugerem que um dos principais benefícios do leite de cabra é o facto de poder reduzir os casos de inflamação.

iii. Estudos efectuados no USDA e na Universidade de Praire View A e M, associam o leite de cabra a uma maior capacidade de metabolizar o ferro e o cobre, especialmente em indivíduos com limitações de digestão e absorção.

iv. Outro dos principais benefícios do leite de cabra para a saúde é o facto de ser mais próximo do leite materno humano do que o leite de vaca, porque tem uma composição química muito mais próxima do leite humano; é mais fácil de digerir e assimilar no corpo humano, especialmente para os bebés.

v. O leite de cabra é uma óptima opção para as pessoas que querem perder peso. Tem menos gordura, mas mantém os elevados níveis de proteínas e aminoácidos essenciais que se encontram no leite de vaca.

vi. 50 % das pessoas com intolerância à lactose do leite de vaca descobrem que podem digerir facilmente o leite de cabra, especialmente se este estiver cru.

vii. O leite de cabra contém quantidades elevadas de cálcio e triptofano. É apenas um dos muitos alimentos ricos em cálcio.

viii. Enquanto que beber leite de vaca é uma razão comum para alergias e excesso de muco, o leite de cabra não é. O leite de vaca é rico em gordura, o que pode aumentar a acumulação de muco. Além disso, os glóbulos de gordura no leite de cabra têm um nono do tamanho dos encontrados no leite de vaca, outra possível razão pela qual não produz irritação no intestino.

ix.   O leite de cabra é também extremamente rico em nutrientes. Tem quase 35 % das necessidades humanas diárias de cálcio numa chávena, um elevado nível de riboflavina (20 % das necessidades humanas diárias numa chávena), quantidades elevadas de fósforo, vitamina B12, proteínas e potássio.

x.   Enquanto que a maior parte do leite de vaca é bombeado cheio de hormonas de crescimento bovinas, bem como de uma substância conhecida como somatotropina bovina, uma hormona específica para aumentar a produção de leite de uma forma não natural, as cabras raramente são tratadas com estas substâncias. O leite de cabra é não só mais nutritivo, mas também menos tóxico.

xi.   O leite de cabra contém o oligoelemento selénio, um mineral essencial para manter o sistema imunitário forte e em funcionamento normal.

Capítulo 3

MATERIAIS E MÉTODOS

3.1 Sítio experimental

T A experiência foi realizada na unidade de ovinos e caprinos da quinta de ensino e investigação da Universidade de Agricultura Michael Okpara, Umudike. A quinta está situada a cerca de 10 km de Umuahia, a capital do Estado de Abia. A Universidade está situada na latitude 050 290 Norte e na longitude 330 Este. A área de estudo situa-se a uma altitude de 122 m acima do nível do mar e na zona de floresta tropical do sudeste da Nigéria (Ahamefule *et al.*, 2007). Tem um padrão de precipitação bimodal e uma precipitação total anual de 1700-2100 mm. A temperatura ambiente máxima da área varia entre 270C e 380C durante a estação quente e seca do ano (novembro - abril) e a temperatura ambiente mínima varia entre 180C e 260C durante a estação fria e chuvosa (maio - setembro). A humidade relativa varia entre 57-91 % e as condições climáticas deste local foram descritas como trópicos húmidos quentes e húmidos (Nwachukwu *et al.*, 2013).

3.2 Animais e gestão

Dezasseis fêmeas grávidas de primeira paridade foram colocadas em quarentena durante 21 dias, desparasitadas e tratadas com acaricidas adequados. Foram formuladas quatro dietas contendo 0, 10, 20 e 30 por cento de farinha de casca de mandioca e designadas A, B, C e D, respetivamente. A composição total das dietas experimentais é apresentada no Quadro 3.1. A dieta A serviu como dieta de controlo. As fêmeas prenhes foram alojadas individualmente em celas de cimento bem ventiladas e alimentadas com a dieta experimental antes do parto para permitir a adaptação à dieta.

Tabela 3.1: Composição das dietas experimentais (100 kg)

	Tratamentos			
Ingredientes	**A**	**B**	**C**	**D**
Miudezas de milho	74.50	64.50	54.50	44.50
Farinha de casca de mandioca	0.00	10.00	20.00	30.00
Farinha de sangue	3.50	3.50	3.50	3.50
Bolo de palmiste	18.00	18.00	18.00	18.00
Melaço	2.50	2.50	2.50	2.50
Farinha de ossos	1.00	1.00	1.00	1.00
Sal comum	0.50	0.50	0.50	0.50
Total (Kg)	**100**	**100**	**100**	**100**
Composição calculada				
Proteína bruta (%)	15.45	14.57	13.69	12.81
Fibra bruta (%)	7.67	8.45	9.24	10.18

As fêmeas prenhes, depois de parirem, foram distribuídas pelos quatro tratamentos, com quatro (4) fêmeas em lactação por tratamento, num desenho experimental completamente aleatório, e alimentadas individualmente em compartimentos separados. A água e a ração foram fornecidas *ad libitum* e as sobras de ração foram medidas. As sobras de ração foram pesadas e todos os dias era fornecida ração fresca. A experiência teve a duração de 56 dias.

3.3 Gestão de crianças

Os cabritos recém-nascidos foram deixados a mamar livremente nas suas mães durante os primeiros 7 dias. Antes de cada dia de ordenha, os cabritos eram separados das suas mães às 18 horas do dia anterior. Durante este período de separação, os cabritos eram alimentados com leite com a ajuda de biberões. As mães podiam amamentar os seus filhos desde a manhã seguinte à ordenha até à noite anterior à separação, às 18 horas, todos os dias, e eram alojadas num recinto comum.

3.4 Medições do leite

Durante a ordenha, as duas metades do úbere das fêmeas em lactação eram ordenhadas à mão diariamente entre as 6 e as 7 horas da manhã. A quantidade de leite colhida por cada coelha foi primeiro pesada, com a precisão de um grama, numa balança de laboratório sensível e depois medida com uma proveta de vidro calibrada (capacidade de 500 ml). A quantidade total de leite produzida por dia foi registada como a produção diária matinal da coelha. A produção diária de leite foi então estimada para cada coelha, partindo do princípio de que a produção diária real de leite das coelhas pode ser atingida se os animais forem ordenhados duas vezes por dia. Depois disso, com base no conceito de respostas fixas da produção de leite à alteração da frequência de ordenha (Erdman e Verner, 1995), a constante 0,6596 foi usada como fator de ponderação na produção de leite da manhã. A produção de leite de cada dia (S) foi estimada da seguinte forma:

$$S = M + 0{,}6596\,M$$

em que "M" é a produção de leite da manhã (ordenha uma vez por dia).

3.5 Amostragem de leite

A duração da lactação para cada coelha foi baseada em 135 dias. A amostragem do leite foi iniciada após o colostro. Amostras da produção de leite da manhã de cada égua foram analisadas diariamente para lactose, sólidos totais, gordura butírica, proteína do leite (Nx6,38), sólidos sem gordura, cinzas e energia. Cerca de 20 ml do leite recolhido foram utilizados para análise de proximidade e determinação da lactose. Os cabritos foram alimentados com o excesso de leite recolhido. Os sólidos totais (ST) foram determinados por secagem de 5 g de amostra de leite até um peso constante a 105 °C durante 24 horas. O teor de lactose foi determinado a partir de amostras frescas pelo procedimento de Marrier e Boulet (1959). A matéria gorda butírica foi obtida pelo método de Roese-Gottlieb (AOAC, 2006). A proteína do leite (Nx6,38) foi determinada pelo método de semi-microdestilação utilizando o aparelho de Kjeldahl e Markham. Os sólidos não gordos foram determinados como a diferença entre os sólidos totais e a matéria gorda butírica. Os teores minerais (cálcio e fósforo) do leite foram determinados segundo o método de extração ácida de cinzas secas (James, 1995).

3.6 Análise estatística

Os dados recolhidos no ensaio de lactação foram submetidos a uma análise de variância (ANOVA) de acordo com Steel e Torrie (1980). As diferenças entre as médias foram determinadas através do teste de Duncan (Duncan, 1955).

Capítulo 4

RESULTADOS E DEBATES

4.1 Dietas experimentais

Os constituintes proximais das quatro dietas experimentais (A, B, C e D), das miudezas do milho e da casca de mandioca (CPM) utilizadas neste estudo são apresentados no Quadro 4.1. Os valores proximais da farinha de casca de mandioca, em base de matéria seca, situam-se dentro dos valores relatados por Ahamefule e Ibeawuchi (2005) e Ukanwoko e Ibeawuchi (2009). Para as vísceras de milho, os valores proximais percentuais foram semelhantes aos valores obtidos por Olukayode e Emmanuel (2011).

O conteúdo de matéria seca das dietas contendo CPM (B, C e D) comparou favoravelmente com o da dieta de controlo (A). O teor de proteína bruta (PB) foi mais elevado na dieta A e tendeu a diminuir à medida que o nível de inclusão de CPM nas dietas aumentava. O teor de proteína bruta das dietas experimentais (17,5-19,6 %) foi superior ao nível de 8 % necessário para as actividades microbianas ruminais óptimas (Norton, 1994). Também excedeu o intervalo de 11,00 a 13,00 % conhecido como capaz de fornecer proteína adequada para a manutenção e crescimento moderado em cabras (NRC, 1981). É importante satisfazer as necessidades de PC de uma fêmea em lactação para garantir a sua eficiência reprodutiva. Ranjahan (2004) referiu que se um animal em crescimento receber uma quantidade insuficiente de proteínas, a eficiência com que utiliza a energia metabolizável será provavelmente alterada. Os valores de fibra bruta (14,83 - 20,30 %) das dietas experimentais excederam os 12 % necessários para o funcionamento correto do rúmen (Rashid, 2008).

Tabela 4.1: Composição aproximada da farinha de casca de mandioca (CPM), das vísceras de milho e das dietas experimentais

Nutrientes	Dietas				CPM	MO
	A	B	C	D		
Matéria seca	90.44	89.82	90.21	90.08	90.23	89.88
Proteína bruta %	19.55	18.85	18.61	17.50	4.80	12.69
Fibra bruta %	14.83	15.20	18.52	20.30	24.56	8.87
Extrato etéreo %	12.62	9.86	11.37	11.28	0.86	3.87
% de cinzas	4.84	4.85	5.50	6.17	5.89	5.73
NFE %	38.60	41.06	36.21	34.83	54.12	58.72
ME(MJ/kg/DM)	1.92	1.85	1.88	1.86	1.57	1.65

***EM = Energia Metabolizável, ENF = Extrato Isento de Azoto, CPM = Farinha de Casca de Mandioca, MO = Miudezas de Milho**

4.2 Efeito das dietas experimentais no rendimento e na composição do leite

O efeito das dietas experimentais na produção e na composição do leite das cabras WAD é apresentado no Quadro 4.2. A produção média diária de leite não foi significativamente diferente (P>0,05) entre as dietas. Os valores de 139,58, 131,70, 142,93 e 169,28 (g/dia) foram registados para as cabras que receberam as dietas A, B, C e D, respetivamente. A produção média diária de leite (g/dia) obtida com os animais experimentais foi muito superior aos valores de 102 + 0,01 e 122 + 0,08 g/dia para cabras WAD criadas na aldeia e no ambiente universitário, respetivamente, relatados por Ahamefule *et al.* (2007). Akpa *et al.* (2002) registaram um valor mais elevado de 468,0 + 0,25 e 664 + 0,26 g/dia para cabras Red Sokoto; outra raça de cabras autóctone da Nigéria. Pode haver variações na produção de leite entre cabras da mesma raça e até da mesma espécie, o que pode dever-se ao maneio, à estação do ano e ao plano de nutrição (Ibeawuchi e Dangut, 1996). A produção de leite do presente estudo situa-se entre 139,70 e 233,00 g/dia, tal como referido por Ahamefule *et al.* (2005) para as cabras WAD. Ukanwoko e Ibeawuchi (2014) registaram um rendimento inferior de 119,17 - 134,99 g/dia para cabras WAD alimentadas com dietas à base de casca de mandioca - farinha de folhas de mandioca. Esta disparidade pode ser atribuída a diferenças na alimentação e no maneio, para além do efeito da dieta na síntese do leite. Por exemplo, as dietas que tendem a produzir mais acetato no rúmen favorecem a síntese do leite do que o aumento de peso dos ruminantes. As dietas que promovem a síntese eficiente do leite, na maioria das vezes, naturalmente levam a um ganho de peso baixo (Rai, 1980). Isto, de acordo com Mathewman (1993), está relacionado com o padrão de produção e metabolismo dos ácidos gordos voláteis do rúmen associados às dietas oferecidas.

Quadro 4.2: Efeito das dietas no rendimento e na composição do leite das cabras WAD

| | | | Dietas | | |
Parâmetros	A	B	C	D	SEM
Produção de leite (g/dia)	139.58	131.70	142.93	169.2	17.67
Sólidos totais (%)	11.36[a]	10.69[b]	11.55[a]	11.57[a]	0.25
Matéria gorda butírica (%)	3.46[c]	3.56[b]	3.62[ab]	3.69[a]	0.043
Proteína bruta (%)	3.77[a]	3.65[b]	3.64[b]	3.66[b]	0.054
Sólidos sem gordura (%)	7.90[a]	7.14[b]	7.93[a]	7.87[a]	0.19
Lactose (%)	4.15[a]	3.95[b]	4.11[a]	4.11[a]	0.051

Cinzas (%)	0.85^b	0.88^a	0.87^a	0.88^a	0.008
Leite corrigido em relação aos sólidos (%)	0.121^b	0.110^b	0.128^b	0.162^a	0.014
Leite corrigido em matéria gorda (%)	0.128	0.123	0.135	0.162	0.017
Cálcio (%)	0.306^c	0.359^b	0.390^b	0.442^a	0.018
Fósforo (%)	0.109^d	0.155^c	0.185^b	0.219^a	0.012
Energia do leite (MJ/kg)	1.261^b	1.284^{ab}	1.324^{ab}	1.351^a	0.033

[abc]**as médias na mesma linha com sobrescritos diferentes diferem**

significativamente (p<0,05), SEM = erro padrão das médias

Os sólidos totais (ST) foram significativamente (P<0.05) mais baixos na dieta B do que os valores obtidos para as dietas A, C e D. A média atual de ST (11.28 %) comparou favoravelmente com 11.63 + 0.12 % reportado por Zahradden *et al.,* (2007) para cabras WAD. Os valores obtidos para a ET foram inferiores aos 14. 92 + 0,27 % registados para as cabras WAD (Ahamefule e Ibeawuchi, 2005). Foi referido que as diferenças no plano e na composição da dieta influenciam a produção e a composição do leite, mesmo em animais da mesma raça (Ibeawuchi, 1985).

O teor de gordura butírica do leite foi significativamente diferente (P<0,05) entre os tratamentos. Os valores de gordura butírica aumentaram à medida que os níveis de CPM aumentaram nas dietas. A dieta D com 30 % de CPM teve um valor significativamente (P<0,05) mais alto para o conteúdo de gordura butírica. O teor de gordura butírica aumentou com o aumento da produção de leite, embora não estatisticamente (P>0,05). Isto tende a contrariar investigações anteriores de Jenness (1980) e Ahamefule *et al.* (2004) que observaram correlações negativas entre a produção de leite e a matéria gorda butírica. Ukanwoko e Ibeawuchi (2014) registaram uma percentagem de matéria gorda butírica que era mais elevada nas cabras com menor produção de leite. No entanto, Ibeawuchi (1985) referiu que a matéria gorda butírica e a ET não eram apenas influenciadas pela produção, mas também pelo regime alimentar dos animais em lactação.

A correlação positiva entre a produção de leite e a matéria gorda butírica pode ter sido influenciada pelo regime alimentar das cabras WAD. A gordura butírica seguiu a tendência do teor de fibra das dietas. As dietas ricas em fibras tendem a aumentar o teor de gordura butírica, resultando num leite cremoso, enquanto que as dietas pobres em fibras diminuem o teor de gordura butírica do leite (Oltenacu, 1999).

Os sólidos não gordurosos, obtidos quando a gordura foi removida dos sólidos totais, foram significativamente diferentes ($P<0,05$) entre as dietas experimentais. Os animais alimentados com a dieta B apresentaram o valor mais baixo de sólidos sem gordura (7,14%). A dieta A, que é a dieta de controlo, não apresentou qualquer diferença significativa ($P>0,05$) em relação às dietas C e D, que continham 20% e 30% de CPM, respetivamente. Ahamefule e Ibeawuchi (2005) registaram um intervalo de sólidos não gordos de 9,593 - 9,929 % para as fêmeas WAD alimentadas com dietas à base de ervilha-de-angola - farinha de casca de mandioca. Ahamefule *et al.* (2007) também registaram valores de sólidos não gordos de 9,91 e 9,97 % para cabras WAD criadas em ambientes universitários e de aldeia, respetivamente. No entanto, os valores actuais de 7,14 - 7,93 % de sólidos sem gordura corroboram os valores de 7,47 - 7,99 % observados por Ukanwoko e Ibeawuchi (2014) para cabras WAD alimentadas com dietas à base de casca de mandioca e farinha de folhas de mandioca no Sudeste da Nigéria. O leite com elevado teor de sólidos não gordos é valioso para o consumidor pelo seu sabor e valor nutricional (Robert, 1987). Os valores obtidos para a lactose foram 4,15, 3,95, 4,11 e 4,11 % para as dietas A, B, C e D, respetivamente. O efeito dos tratamentos sobre os valores observados variou significativamente (P<0,05). Os valores de lactose obtidos neste estudo foram inferiores aos valores (4,34 - 4,50 %) relatados por Ahamefule *et al.* (2007), mas se aproximaram dos valores (4,18 - 4,30 %) apresentados por Ukanwoko e Ibeawuchi (2014). Este teor mais baixo de lactose do leite é vantajoso para os indivíduos intolerantes à lactose. A intolerância à lactose (açúcar do leite) resulta de uma incapacidade de digerir a lactose no intestino delgado devido à ausência de lactase.

Os valores obtidos para as cinzas do leite também são apresentados na Tabela 4.2. Os efeitos dos tratamentos sobre os valores observados foram significativos (P<0,05). Os teores de cinzas das dietas CPM (B, C e D) foram significativamente (P<0,05) superiores aos obtidos para a dieta A. O aumento do teor de cinzas influencia o sabor do leite, pois pode ser mais salgado e também afeta as características de fabricação de queijos (Perea *et al.*, 2000). Ekeocha (2012) relatou que os animais em lactação precoce tinham menor teor de cinzas no leite do que aqueles em lactação tardia. Neste estudo, os valores do teor de cinzas variaram de 0,85 a 0,88%, que foram inferiores aos valores de 0,838 a 0,935% relatados por Ahamefule *et al* (2007). No entanto, Ukanwoko e Ibeawuchi (2014) e Zahradden *et al.* (2007) relataram valores médios mais baixos de 0,755 e 0,70 % para cabras WAD, respetivamente. Os valores de cinzas do leite neste estudo corroboram o valor médio de 0,86% registado por Ahamefule *et al.* (2012).

Os valores do leite com correção de gordura (FCM) seguiram a mesma tendência que o leite com correção de sólidos, mas não foram significativamente diferentes (P>0,05) entre as dietas. O resultado é semelhante ao relatório de Ukanwoko e Ibeawuchi (2014) e Ahamefule *et al.* (2007).

O leite corrigido para sólidos (SCM) obtido para as dietas foi significativamente diferente (P<0,05). O valor do SCM aumentou com o aumento da CPM na dieta. A dieta D deu o maior SCM. Não houve diferenças significativas (P>0,05) entre a dieta controle e as dietas B e C. Os valores de SCM neste estudo foram maiores do que os valores (0,092, 0,100, 0,100 e 0,097 kg) relatados por Ukanwoko e Ibeawuchi (2014).

Os valores obtidos para o cálcio e o fósforo são apresentados na Tabela 4.2. O conteúdo de cálcio do leite foi significativamente diferente (P<0,05) entre as dietas. O leite das fêmeas alimentadas com a dieta CPM expressou um valor mais elevado de cálcio do que o leite das fêmeas alimentadas com a dieta de controlo. Os valores obtidos nesta pesquisa foram superiores ao teor de cálcio de 0,12 % relatado por Ahamefule *et al.* (2012) para cabras WAD. Os valores de fósforo também foram significativamente (P<0,05) diferentes entre as dietas e corroboram o valor médio de 0,14 % obtido para cabras WAD criadas intensivamente num ambiente quente e húmido (Ahamefule *et al.*, 2012). As diferenças significativas indicam que a inclusão dietética de CPM a 10 %, 20 % e 30 % promoveu um maior teor de cálcio e fósforo no leite. Uma das importâncias vitais do leite para a nutrição humana (especialmente das crianças) é o fornecimento de cálcio e fósforo (Jenness, 1980). Ambos os elementos são necessários para o desenvolvimento dos tecidos e dos ossos, sendo que a sua carência resulta num crescimento lento, falta de apetite, aspeto pouco saudável e raquitismo (NRC, 1978).

Jenness (1980) indicou que o leite de cabra fornece uma grande quantidade de cálcio e fósforo. Os elevados teores de cálcio e de fósforo aqui apresentados apoiam também o relatório anterior de Desjeux (1993).

A energia do leite (MJ/kg) aumentou progressivamente da dieta A para a dieta D. Estes valores foram significativamente diferentes (P<0,05). A dieta D com 30% de CPM teve a maior energia do leite, 1,351 MJ/kg. A tendência crescente é uma indicação de que o CPM teve um efeito positivo na energia do leite das cabras WAD.

4.3 Análise de correlação

A relação entre a produção e os vários componentes do leite da cabra WAD está resumida no Quadro 4.3.

Quadro 4.3: Relação entre o rendimento e os vários constituintes do leite de cabra WAD.

Parâmetros XY	Equação de regressão	SE	R^2	R	Sinal
MY e TS	Y = 9,727 + 0,011X	0.401	0.354	0.595	*
MY e BF	Y = 3,328 + 0,002X	0.130	0.121	0.348	NS
MY e MP	Y = 3,595 + 0,001X	0.141	0.013	0.112	NS
ME e SNF	Y = 6,399 + 0,009X	0.360	0.323	0.568	*
MY e LAC	Y = 4,088 - 6,518X	0.135	0.000	-0.013	NS
ME e ME	Y = 1,180 + 0,001X	0.052	0.171	0.414	NS
BF e TS	Y = 4,159 + 1,991X	0.415	0.306	0.553	*
MP e TS	Y = 12,424 - 0,307X	0.497	0.008	-0.088	NS
LAC e TS	Y = 16,380 - 1,217X	0.469	0.114	-0.338	NS

ME e TS	Y = 3,661 + 5,849X	0.371	0.448	0.669	**
ME e BF	Y = 0,446 + 2,403X	0.020	0.978	0.989	**
BF e MP	Y = 11,184 - 0,852X	0.422	0.069	-0.263	NS
LAC e SNF	Y = 5,037 - 0,379X	0.132	0.137	-0.370	NS
FCM e SCM	Y = 0,003 + 0,930X	0.011	0.734	0.857	**
BF e SNF	Y = 4,159 + 0,991X	0.415	0.099	0.314	NS

***(P<0,05), **(P<0,01), NS = Não significativo**

MY = Rendimento do leite, ME = Energia do leite, TS = Sólidos totais, BF = Matéria gorda butírica, MP = Proteína do leite, SNF = Sólidos sem gordura, LAC = Lactose, FCM = Leite com correção de gordura, SCM = Leite com correção de sólidos

A produção de leite foi positivamente e significativamente correlacionada com TS (r = 0,595; P<0,05), e SNF (r = 0,568; P<0,05) mas não significativamente com gordura de manteiga (r = 0348; P>0,05), proteína do leite (r = 0,112; P>0,05) e energia do leite (r = 0,414; P>0,05). A produção de leite correlacionou-se negativamente com a lactose, mas não foi significativamente diferente (r = - 0,013; P>0,05).

A gordura de manteiga foi positiva e significativamente correlacionada com a ET (r = 0,553; P<0,05). Ukanwoko e Ibeawuchi (2014) relataram uma correlação positiva entre a gordura butírica e a CP. Ahamefule *et al.* (2007) também apresentaram uma correlação positiva e altamente significativa entre a matéria gorda butírica e a ET (r = 0,82; P<0,01).

A relação entre a proteína do leite e a CP, a lactose e a CP foram negativas e não significativas (r = - 0,088; P>0,05), (r = 0,338; P>0,05) respetivamente. Ahamefule e

Ibeawuchi (2005) registaram uma relação negativa e não significativa entre a lactose e a CP.

A energia do leite relacionou-se positivamente com a ET (r = 0,669) e foi altamente significativa a P<0,01. A relação entre a energia do leite e a gordura butírica também foi positiva e altamente significativa (r = 0,989; P<0,01). Ahamefule e Ibeawuchi (2005) relataram uma relação altamente positiva e significativa entre a energia do leite e a gordura butírica (r = 0,780; P<0,01). Isto indica que à medida que os sólidos totais e a gordura butírica aumentam, a energia do leite também aumenta.

A correlação entre a matéria gorda butírica e a proteína do leite, a lactose e a FDN foi negativa e não significativa [(r = - 0,263; P>0,05) e (r = -0,370; P>0,05)], respetivamente.

A FCM e a SCM foram altamente significativas e positivamente correlacionadas (r = 0,857; P<0,01). A gordura de manteiga e a FDN também se correlacionaram positivamente e foram significativas (r = 0,314; P<0,05).

CONCLUSÃO E RECOMENDAÇÕES

Os constituintes do leite foram melhorados pela substituição das miudezas do milho por farinha de casca de mandioca. Observou-se que, à medida que o nível de CPM na dieta aumentava, os sólidos totais (%), a energia do leite (%), a gordura da manteiga (%) e os conteúdos minerais (% de cálcio e fósforo) também aumentavam. O cálcio e o fósforo, por exemplo, são vitais para a formação de ossos e dentes fortes e são também importantes para a manutenção de batimentos cardíacos regulares e para a transmissão de impulsos nervosos. Estes atributos especiais indicam que as dietas CPM eram de melhor qualidade do que a dieta de controlo com miudezas de milho. A produção de leite melhorou de um modo geral, quando comparada com a produção relatada na literatura para as cabras WAD.

Recomenda-se, portanto, que o CPM possa ser usado até 30% na formulação de uma dieta concentrada para as cabras WAD para melhorar a qualidade do leite, especialmente durante a estação seca, e para maximizar o potencial leiteiro das cabras WAD. O potencial leiteiro das cabras WAD, em termos de qualidade e quantidade de leite, pode ser melhorado para um nível comercial através de uma manipulação especial do plano nutricional.

ÂMBITO DE APLICAÇÃO FUTURA

A investigação futura pode centrar-se em formas mais eficientes de utilizar a CPM na alimentação de pequenos ruminantes para melhorar a produção de leite.

REFERÊNCIAS

Abraham, J. (2014). Ordenhar a vaca de soja da Nigéria. 12 de fevereiro de 2014. Punch mobile. www.punchng.com/business/am-business/milking-nigerians-soy-cow/

Ahamefule F. O., Ibeawuchi J. A. e Nwachinemere G. C. (2007). Avaliação comparativa da produção e composição do leite de cabras anãs da África Ocidental criadas em ambiente de aldeia e de universidade. *Journal of Animal and Veterinary Advances* 6(6): 802-806.

Ahamefule, F. O. e Ibeawuchi, J. A. (2005). Produção e composição do leite de vacas anãs da África Ocidental (WAD) alimentadas com dietas à base de ervilha-de-angola e casca de mandioca. *Journal of Agricultural and Veterinary Advances* 4: 991-999.

Ahamefule, F. O., Ibeawuchi, J. A. e Okonkwo, C. L. (2004). Avaliação comparativa do colostro e do leite de ovelhas anãs da África Ocidental num ambiente tropical húmido. *Nigerian Agricultural Journal* 35: 118-126.

Ahamefule, F. O., Ibeawuchi, J. A. e Ibe, S. N. (2005). Desempenho dos patos anões da África Ocidental (WAD) alimentados com dietas à base de ervilha-de-angola e casca de mandioca. *Journal of Agricultural and Veterinary Advances* 4 (12):1010-1015.

Ahamefule, F. O., Odilinye, O. e Nwachukwu, E. N. (2012). Produção e composição do leite de vacas das raças Red Sokoto e West African Dwarf criadas intensivamente num ambiente quente e húmido. *Jornal Iraniano de Ciência Animal Aplicada* 2(2): 143-149.

Ajayi, A. R. e Chukwu, M. O. (2008). Soybean Utilisation among Households in Nslia Local Government Area of Enugu State: Implications for the 'Women-in-Agriculture' Extension Programme. Departamento de Extensão Agrícola, Universidade da Nigéria, Nsukka. Biblioteca Virtual ISSN: 1118 -0021

Akinmutimi, A. H. (2004). Avaliação do feijão-espada *Canavalia gladiata* como recurso alimentar alternativo para frangos de carne. Tese de doutoramento, Michael Okpara University of Agriculture Umudike, Nigéria.

Akpa, G. N., Asiribo, O. E., Oni, O. O., Alawa, J. P., Dim, N. I., Osinowo O. A. e Abubakar, B. Y. (2002). Milk production by agro-pastoral Red Sokoto Goats in Nigeria (Produção de leite por cabras Sokoto vermelhas agro-pastoris na Nigéria). *Tropical Animal Health Production Journal* 34: 525-533.

AOAC (2006). American Official Methods of Analysis. 17ª edição, Association of Official Analytical Chemists, Arlington, Virginia, EUA.

Aromolaran, A. B. (2001). Research Project on Household Food Security, Poverty Alleviation and Women Focused Development Policies in Nigeria (Projeto de Investigação sobre Segurança Alimentar das Famílias, Alívio da Pobreza e Políticas de Desenvolvimento Centradas nas Mulheres na Nigéria). Relatório Final de Investigação: Relatório de Investigação Económica Africana, Consórcio de Investigação Económica Africana (AERC), Nairobi Quénia, julho de 2001.

Awogbade, M. (1983). Pastoralismo Fulani: Jos Case Study. Zaria: Ahmadu Bello University Press.

Barnet, H. Jr e Fredrick, S. (2000). Dairy goat production guide (Guia de produção de cabras leiteiras). Instituto de Ciências Alimentares e Agrícolas (UF/IFAS), Universidade da Florida, EUA. Pp:102-121

Bincan, J. N. (1990). A review of government policies and programmes for livestock development in Nigeria (Uma análise das políticas e programas governamentais para o desenvolvimento da pecuária na Nigéria). Um documento apresentado na Conferência Nacional sobre a Indústria Pecuária e Perspectivas para a década de 1990. Lugard Hall, Kaduna, Nigéria.

Butswaat, I. S. (1994). Estudo sobre a variação sazonal do estado reprodutivo de ovinos e caprinos em Bauchi. Tese de doutoramento, Universidade Abubarkar Tafawa Belewa.

Banco Central da Nigéria (2001). Relatório anual e extrato de conta. CBN Abuja.

Desjeux, J. F. (1993). Valor nutritivo do leite de cabra. Leite, 73: 573-580.

Devendra, C. e McCroy, G.B. (1982). Goat and sheep production in the tropics (Produção de caprinos e ovinos nos trópicos) Longman Grp. Ltd. UK. 1: 131-132.

Drewnowski, A. e Popkin, B. M. (1997). The nutrition transition: new trends in the global diet. *Nutrition Reviews,* 55:31-43.

Duncan, D. B. (1955). Multiple range and multiple F-tests. Biometrics 11: 1-42.

Ekeocha, A. H. (2012). Dietas à base de farinha de folhas durante a lactação precoce e tardia. *Journal of Research Advances in Agriculture* 1(2): 43-49.

Ene-Obony, H. N. (1990). "Home Economics in Nation Development", em The Challenges of Agriculture in Nutrition Development, Ikemc, A.I. (ed.), Faculdade de Nutrição da Universidade da Nigéria, Nsukka, Pp. 436 - 445.

Erdman, R. A. e Verner, M. (1995). Respostas de rendimento fixo ao aumento da frequência de ordenha. *Journal of Dairy Science* 78: 1199-1203.

Ferro-Luzzi, A. e Martino, L. (1996). Obesidade e atividade física. *Simpósio da Fundação Ciba,* 201: 207-221.

Organização das Nações Unidas para a Alimentação e a Agricultura (1988). O mercado do leite e dos lacticínios. Agricultural Review for Europe No. 37.

Organização das Nações Unidas para a Alimentação e a Agricultura (2003). Dieta, nutrição e prevenção de doenças crónicas. Agricultura e proteção dos consumidores. http://www.fao.org/docrep/005/ac911e/ac911e05.htm

Organização para a Alimentação e Agricultura (2010): Status of and Prospects for Smallholder Milk Production - A Global Perspective, por T. Hemme e J. Otte. Roma

Organização das Nações Unidas para a Alimentação e a Agricultura (2014). Produção e produtos lácteos: Feed resources. www.fao.org/agriculture/dairy-gateway/milk- production/feed-resources/en/

Horst, P. e Peters, K. J. (1983). Utilização de potenciais de produção naturais em regiões secas dos trópicos. *Quarterly Journal of International Agriculture* 22: 130148.

Ibeawuchi, J. A. (1985). Um estudo sobre a variação de alguns constituintes do leite de vacas Frísias em Vom. *Nigerian Journal of Animal Production Research* 5: 113-124.

Ibeawuchi, J. A. (2010). A indústria dos lacticínios na Nigéria: Situação atual e perspectivas futuras. 10ª Palestra Inaugural. Departamento de Produção Animal e Pecuária, Gestão. Universidade de Agricultura Michael Okpara, Umudike, Estado de Abia, Nigéria. 6 de outubro de 2010, pp: 11-12.

Ibeawuchi, J. A. e Dangut, A. J. (1996). Influência do estádio de lactação nos constituintes do leite do gado Bunaji (Zebu) num ambiente tropical quente-húmido. Discovery *Innovation* 8(3): 249-256.

Ibeawuchi, J. A. Chindo, L. e Ahamefule, F. O. (2000). Características da produção de leite de bovinos importados da raça Holstein Friesian mantidos num ambiente tropical de elevada altitude. Journal of sustainable Agriculture and environment 2 (1): 14- 19.

IFAD (2013). Smallholders, food security, and the environment. Fundo Internacional para o Desenvolvimento Agrícola (FIDA).

https://www.ifad.org/documents/10180/666cac24-14b6-43c2-876d-9c2d1f01d5dd

James, C. S. (1995). Analytical Chemistry of Foods. Chapmann and Hall, Nova Iorque.

Jennes, P. (1980). Composição e características do leite de cabra. Revisão 1968-1979. *Journal of Dairy Science* 63: 1605-1630.

Konczacki, Z. (1978). The Economics of Pastoralism: A Case Study of Sub-Saharan Africa. Londres: Frank Cass.

Mackenzie, D. (1980). Goat husbandry. Richard clay (The chavcer press) Ltd. Bungay1 Suffolk, milking practice and dairy produce 4: 252-286.

Malau-Aduli, B. S., Eduvie, I. O., Lakpini, C. A. M e Malau-Aduli, A. E. O. (2001). Efeitos da suplementação na produção de leite de fêmeas da raça Red Sokoto. Actas da 26th Conferência Anual da Sociedade Nigeriana de Produção Animal, março de 2001, ABU ,Zaria, Nigéria, pp 353-355.

Marrier, J. e Boulet, M. (1959). Análise direta da lactose no leite e no soro. *Journal of Dairy Science* 42: 1390-1391.

Mathewman, R. W. (1993). Dairy. Tropical Agriculturist. The Macmillian Press, Londres, Reino Unido. pp: 32-80.

Michael, W., Grindle, J., Nell, A. e Bachman, M. (1991). Dairy development in Sub-Saharan Africa: A study of issues and options. Washington, D.C.: Documento Técnico do Banco Mundial, Departamento Técnico de África, Série No. 135.

Muriuki, H. G. (2001). Smallholder dairy production and marketing in Kenya. In: Rangnekar e Thorpe (Editores), Small holder dairy production and marketing: opportunities and constraints. Proceedings of a South-South workshop held at National Dairy Development Board (NDDB), Anand, India, 13-16 March.

Gabinete Nacional de Estatística (2011). Nigéria - Inquérito Geral aos Agregados Familiares - Painel 2010-2011 (Pós-colheita), Primeira Ronda (Primeira vaga). Governo Federal da Nigéria (FGN). DDI-NGA-NBS-GHS-PANEL-2010-2011-v1.0. http://localhost/nada4/index.php

Comissão Nacional da População (1991). Dados provisórios do Censo, 1991.

NBS (Nigerian Bureau of Statistics) (2014). www.nigeriastat.gov.ng/index.php

Nortan, B. W. (1994). O valor nutritivo das leguminosas arbóreas. In: Forage Tree Legumes in Tropical Agriculture, Cuutteridge, R.C. e Shelton, H.M. (Eds). CAB International, Reino Unido, pp: 177-191.

NRC (1981). Nutrient Requirements of Goats: Angorá, Leite, e Cabras de Carne em Países Temperados e Tropicais. Conselho Nacional de Investigação, National Academy Press, Washington, D.C., Boletim 15: 88-91.

Nwachukwu, E. N., Amaefule, K. U., Ahamefule, F. O., Akomas, S. C., Nwabueze, T. U., Onyebinama, U. A. U. e Ekumankama, O. O. (2013). Avaliação de progênies puras cruzadas de cabras Red Sokoto e West African Dwarf na Zona da Floresta Tropical do Sudeste da Nigéria. *Academic Journals* 8 (17): 16881692.

Okuneye, P. A. (2002). Livestock Sub-sector in Nigeria: Challenges and Prospects. Bullion Publication of the Central Bank of Nigeria, 26, No. 3, julho/setembro de 2002.

Oltenacu, E. A. B. (1999). New York State 4-H meat goat project fact sheet. No.13 (alimentos para cabras). Revisto em abril de 1999 pela Dra. Tatiana Station Cornell University, Ithaca, NY14853 . www.ansci.cornell.edu/4H/meatgoats/meatgoats13.htm.

Olukayode, A. M., Emmanuel, B. S. (2011). Utilização de miudezas de milho secas ao sol com farinha de sangue em dietas para frangos de corte. *Open Journal of Animal Sciences* 1(3): 106-111.

Oluwatomi, O. (2010). Goat farming. John Wiley and sons, Nova Iorque, pp. 251-274.

Osagie, C. (2011). Nigéria e outros países em desenvolvimento podem enfrentar escassez de carne. Thisday Live News. www.thisdaylive.com/articles/nigeria.

Osotimehin, K. O., Tijani, A. A. e Olukomogbon, E. O. (2006). An economic analysis of small scale dairy milk processing in Kogi State, Nigeria. Livestock Research for Rural Development. Volume 18, Artigo nº 157. Recuperado em 19 de novembro de 2014, de http://www.lrrd.org/lrrd18/11/osot18157.htm.

Perea, S., de'Labastida, E. F., Na'jera, A. I., Cha'varri, F., Virto, M., de'Renobales, M. e Barron, L. J. R. (2000). Alterações sazonais na composição da gordura do leite de ovelha Lacha utilizado no fabrico do queijo Idiazabal. *European Food Research Technolology* 210:318-323.

Rai, M. M. (1980). Dairy chemistry and animal nutrition. Kahjani Publishers, Nova Deli, pp: 80-82.

Ranjahan, S. K. (2004). Animal Nutrition in the tropics (Nutrição animal nos trópicos). Publicado por Vikes Publishing House, Pvt, Ltd. 5: 36-37.

Rashid, M. (2008). Goats and their nutrition (Cabras e sua nutrição). Manitoba Goat Association. www.manitobagoats.ca, pp: 1-4.

Steele, R. G. C. e Torrie, S. H. (1980). Principles and procedures of statistics. McGraw Hill, Nova Iorque.

Ukanwoko, A. I. e Ibeawuchi, J. A. (2009). Ingestão de nutrientes e digestibilidade de patos anões da África Ocidental alimentados com dietas à base de resíduos de aves de capoeira e cascas de mandioca. *Jornal de Nutrição do Paquistão* 8: 1461-1464.

Waters-Bayer, A. (1986). Dairy Subsector of the Agropastoral Household Economy. Em Livestock Systems Research in Nigeria's Subhumid Zone: Proceedings of a second I.L.C.A./N.A.P.R.I. symposium held in Kaduna, Nigeria, October 29-November 4, 1984, edited by R. von Kaufmann, S. Chater, and R. Blench, 414426. Addis Abeba: I.L.C.A.,

Wilson, R. T. (1991). Small ruminant production and the small ruminant genetic resource in tropical Africa (Produção de pequenos ruminantes e recursos genéticos de pequenos ruminantes na África tropical). FAO, Roma, Itália, pp: 225-231.

Banco Mundial (2008). New Data Show 1.4 Billion Live On Less Than US$1.25 A

Day, But Progress Against Poverty Remains Strong.

http://www.worldbank.org/en/news/press-release/2008/09/16/new-data-show-

14-billion-live-less-us125-day-progress-against-poverty-remains-strong

Zahraddeen, D., Butswat, I. S. R. e Mbap, S. T. (2007). Avaliação de alguns factores

que afectam a composição do leite de cabras indígenas na Nigéria. Livestock

Research for Kura Development.

http://www.lrrd.org/lrrd19/11/zahr19166.htm.

Buy your books fast and straightforward online - at one of world's fastest growing online book stores! Environmentally sound due to Print-on-Demand technologies.

Buy your books online at
www.morebooks.shop

Compre os seus livros mais rápido e diretamente na internet, em uma das livrarias on-line com o maior crescimento no mundo! Produção que protege o meio ambiente através das tecnologias de impressão sob demanda.

Compre os seus livros on-line em
www.morebooks.shop